谨以此书献给——
光荣的地质队员和
牺牲在山野的无名队友!

仁者乐山。　　　　　　　——孔子

天地有正气，杂然赋流形。
下则为河岳，上则为日星。
　　　　　　　　　　——文天祥

山随平野尽，江入大荒流。
　　　　　　　　　　——李白

刘兴诗

—— 著 ——

刘兴诗爷爷讲地球

奇趣横生的山野

上册

长江出版传媒 | 长江文艺出版社

图书在版编目（CIP）数据

奇趣横生的山野：全二册 / 刘兴诗著. -- 武汉：
长江文艺出版社，2023.10
　（刘兴诗爷爷讲地球）
　ISBN 978-7-5702-3139-3

　Ⅰ. ①奇… Ⅱ. ①刘… Ⅲ. ①地质学－少儿读物
Ⅳ. ①P5-49

中国国家版本馆 CIP 数据核字(2023)第 091026 号

奇趣横生的山野 ：全二册
QIQU HENGSHENG DE SHANYE : QUAN ER CE

责任编辑：毛劲羽　　　　　　　　责任校对：毛季慧
设计制作：格林图书　　　　　　　责任印制：邱　莉　胡丽平

出版：长江出版传媒｜长江文艺出版社
地址：武汉市雄楚大街 268 号　　　邮编：430070
发行：长江文艺出版社
http://www.cjlap.com
印刷：湖北新华印务有限公司

开本：720 毫米×1000 毫米　　　1/16　　印张：15
版次：2023 年 10 月第 1 版　　　　2023 年 10 月第 1 次印刷
字数：168 千字

定价：56.00 元（全二册）

目录

上篇

走进山野

高山高、平原平，外加一个个大盆和小盆，一片片低矮丘陵，形成了天下地形洋洋大观的景象，好像走进迷魂阵。

有的山七拱八翘，有的像破布一样被揉皱了，还有的正的正歪的歪，有的山是平顶，而有的是圆顶……各种各样的山形，简直五花八门。

看看看，这里有一个石蛋蛋；瞧瞧瞧，那里有一座天生桥；还有一座飞来峰，真是神奇得不得了。

第一章
开门见山

住在山窝窝里，到处都是山，开门就见山。

山哪山，高高低低，陡陡缓缓，重重叠叠，绵绵延延。

抬头只见一道道崖壁、一个个巅尖，加上云雾缭绕、藤萝密布，山神施展出障眼法术，使人更加迷迷糊糊，不知自己在什么角落，不知眼前莽莽苍苍这一大片山到底是什么模样，要伸展多长、多远。窝在狭窄的旮旯里，好像是瞎子摸象，没有全面印象，枉自做了山里娃，不知山的真实模样，只好低头叹息。

唉唉唉，只因身在此山中，不识庐山真面目。

山哪山，借我一双通灵的翅膀，飞出这个山窝窝，好把你的面貌看清楚。

看清楚了，看清楚了，原来山这个庞然大物，其实并不复杂。

孙悟空七十二变，归根结底还是一只猴子。一座山甭管千变万化，解剖开也就只有三个部分：山顶、山坡和山麓。

山顶有圆的、尖的，也有平平坦坦、方方正正的，还有朝着一边歪斜的，或者像一个马鞍的，以及其他种种形状，这些都和地质构造、岩石性质、外力作用有关系。

山坡有的鼓起来，有的凹下去；有的好像是幼儿园里的滑梯，似乎坐在上面，呼的一下就能滑下去；有的非常复杂，一段斜坡一段陡崖的，极不规则，如果画一条线，就是凹凸不平、曲曲弯弯的。

请你特别注意陡缓交界的地方，多半是软硬岩层的接触面。不消说，坚硬岩层生成陡崖，软弱岩层禁不住风化剥蚀，就成为一道道缓坡了。

人们看山都是抬头往上看，诗人的诗篇几乎都献给高高的山顶，很少低头看山脚，给它也写一首诗。其实，山麓很重要，也很有学问呢。

俗话说，看一个人，常常从脚看到头。先看下面穿的什么鞋，再慢慢往上看，就能大致了解对方的情况了。除了空中跳伞，进山、爬山总是从山脚开始的，是不是？

地质学家看山，常常就是从山脚看起。因为山地和附近的平原，往往属于两个不同的地质构造单元。山麓地带就是二者的接合部，所以必须仔细察看有没有什么值得进一步研究的问题。例如山脚是一条伸展得很长的直线，还有一连串平行排列的陡崖，好像华山山脚和"八百里秦川"的接触关系一样，就要认真注意了。这种山和平原的接触部分，很可能是一条断裂带，是会发生地震的，怎么能不留神呢？

在山区，站在高处看，到处都是山。猛一看似乎没有什么章法，仔细一看却也有排列规律呢。

一座山是山，一列山是山岭。

一条条走向平行、沿着同一方向延伸的山岭和山谷，组合在

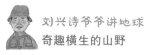

秦岭终南山
世界地质公园

一起是山脉。著名的喜马拉雅山脉、天山山脉、秦岭山脉等就是例子。

如果一条山脉被纵横分隔成好几段，其中的一段可以叫作山带。例如坐落在四川盆地西北部的龙门山脉，可以分为前山带、中央山带、后山带三个相互平行排列的山带。2008年汶川大地震，震中就在中央山带，因此它能迅速传播到整个山脉的北段。

还有比山脉更大的等级吗？

有哇！相互之间有成因联系、延伸方向一致的好几条山脉，共同组成了规模更加巨大的山系。

贯穿整个北美洲、南美洲的科迪勒拉山系，包含了落基山脉、海岸山脉、安第斯山脉等许多条平行的山脉，是世界上最大的山系。

周围散布着群山，中间高耸的地方也是群山起伏，这叫山原。如果中间是高耸的平台，就叫作台原了。

许多山脉汇集的中心叫作山结，又叫山汇。如帕米尔高原上的山结，就是昆仑山、喀喇昆仑山、喜马拉雅山、兴都库什山等山脉汇聚在一起而形成的。

山哪山，高高低低、重重叠叠的山。许许多多的人，瞧见一座座山，都会油然而生登山的欲望。一个探险家说得好，为什么登山？因为山就在那里。

是呀！是呀！山就是给人攀登的。一座座山活生生地呈现在眼前，怎么能压抑住欲望不去攀登呢？

话说到这里，作为一个地质工作者，一辈子是"爬山匠"的我，不得不在这里说几句题外的话，提醒有热情、有愿望、喜欢山的孩子们和一些勇敢的青年：山的情况太复杂，登山必须量力而行。

我见过的事故太多太多，坚决不主张离开指导去攀登什么野山、野岭。孩子们爬的山不能太高，必须由有监护能力的成年人陪伴。在颐和园、景山这样的公园里，牵着监护人的手，不离开规定的路线，往上慢慢爬，出一点儿汗就成了。对待自然界里的山，绝对不能逞英雄。

再说一句话：对待大自然的态度是敬畏而不是鄙夷。

杜甫说："会当凌绝顶，一览众山小。"常言道，山高人为峰。登上一座山，难免会有这样的心情。这也是人之常情，没有什么好说的。可如果一下子觉得自己非常了不起，可以傲视一切了，也不是很好。

登上一座山，不过是上了一座山而已，有什么好得意的？！

由于工作原因，我平生也登过一些山。每当气喘吁吁地爬上山顶，放眼向四周望去，总觉得天地太辽阔了，自己非常渺小，不由得深深地敬畏天地、敬畏自然。

我说这些话，是不是离题万里了？似乎也不是的。自然界里

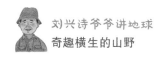

的东西，看似简单，其实非常复杂、深沉。难怪我们的原始祖先，把一座座没有生命的山都当作是神的化身，不敢妄自尊大。

亲爱的读者们，请记住一个老地质工作者的一番心里话吧！爱山，不要鄙夷山。对待万物，必须小心谨慎。往往事故就发生在疏忽大意的一瞬间。在山上出事，那可真的是"一失足成千古恨"，后悔也来不及了。

小卡片

山地高度分类

不同国家和地区的山地高度分类标准不一样，我国的划分标准如下：

极高山：海拔超过 5000 米；

高山：海拔 3500 ~ 5000 米；

中山：海拔 1000 ~ 3500 米；

低山：海拔 500 ~ 1000 米；

丘陵：海拔低于 500 米。

为什么采用这些数值？当然是有一定依据的。

5000 米大致相当于我国西部一些高山的雪线高度，超过雪线的山地，具有冰雪剥蚀作用，可能生成冰川，面貌自然不同。

3500 米大致相当于我国西部一些山地的森林上界。

1000 米大致相当于我国东部山地的平均高度，都含有不同的自然地理因素，可以作为山地高度分类的参照资料。

除了海拔高程，有时还需要参照从当地山麓地面到山顶的相对高程，划分出更加复杂的类型。

你知道吗？

我国名山的海拔高程

有名的"五岳"中，东岳泰山，海拔 1532.7 米；西岳华山，海拔 2154.9 米；北岳恒山，海拔 2016.1 米；南岳衡山，海拔 1300.2 米；中岳嵩山，海拔 1491.7 米。

峨眉山，海拔 3079.5 米；台湾玉山山脉的主峰玉山，海拔 3952 米；海南岛五指山主峰，海拔 1867 米；世界第一高峰珠穆朗玛峰，海拔 8844.43 米。

号称"燕山余脉"、位于颐和园的万寿山，从平地算起只有 58.59 米，海拔 108.94 米。

请你算一算，根据山地高度分类，上述各大山峰分别属于什么级别？

喜马拉雅山脉

第二章

山是怎么生成的

山是怎么生成的？

一是别人"抬轿"，二是自我的"风骨"，三是自身的"基础"。

哈哈哈！这简直像是一些大人物步步高升的故事。大自然里的高山横空出世，难道也是这样的吗？

呵呵呵，人生与自然大致相通。大自然里的一些情况，常常就像是人生的一面镜子，又怎么不可以用来比拟一下呢？

先说"抬轿"吧。

这不是庸俗的吹捧，而是脚下实实在在的地壳运动。

翻开地球历史，一次次造山运动，生成了一座座巨大的山脉。包括"世界之巅"珠穆朗玛峰及其所在的喜马拉雅山脉在内，世界上所有的山脉都是这样生成的。有些古老的山脉经过后来长期风化剥蚀，逐渐被"抹平"降低，甚至消失了。新的造山运动又生成了新的高大雄伟的山脉或高耸入云的山峰；好像社会中一些人物隐退后，又涌现一些新人物。长江后浪推前浪，总是新陈代谢、永不停息。

哦，明白了，这儿说的"抬轿"，原来就是地壳运动啊！

再说山的"风骨"吧。

这当然不是说没有生命的山也像人一样，需要讲究什么人格节操，才能显示人品高低；而是说，山自身抵抗外来风化剥蚀的能力，骨头硬不硬。

首先就得看构成山体的岩石强度，以及岩体的破碎程度了。

如果一座山统统是软弱岩层构成的，很容易风化变形，自然没有一个"骨"字可言，很容易被风化剥蚀，变得越来越低矮，外形也越来越平缓了。但是一座由坚硬岩层构成的山，能够抵御

四川盆地的川西坝子

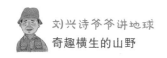
风化剥蚀，就好像有一副硬骨头，任凭风吹雨打，也岿然不动。

处在一些活动性断裂带附近的山，构成山的岩体破碎程度比较大，当然也容易被风化剥蚀。与此相反，若岩体非常完整，也就能保持原来的样子，不容易被风化剥蚀而变形。

让我们用四川盆地来说吧。打眼一看，一片红色丘陵，但细瞧，其中就有不同的类型。

有的是圆的，低一些，好像是一个个馒头；有的是方的，高一些，好像是一张张石头桌子。前者的岩性大多很软，禁不住风化剥蚀，就逐渐变成这个样子了；后者的岩性比较坚硬，不容易被风化剥蚀，当然就和前者大不相同。

噢，没有生命的山也像人一样，也得讲究有没有"风骨"的问题呢。

什么是山的"基础"？

这是地质构造决定的。不同的地质构造形成不同的山形。这就说来话长了，留在后面慢慢讲吧。有的特殊山形还有精彩的历史故事，一两句话说不清。请你不要着急，接着往下看吧！

地质时期的造山运动

地质时期的造山运动从老到新，包括下古生代的加里东运动、上古生代的海西运动、中生代的印支运动和燕山运动、新生代的喜马拉雅运动，都形成了巨大的山脉。200多万年前的第四纪以来，至今还在进行的是新构造运动，许多地方地壳升降，也很可观呢。

第三章
小不点儿的丘陵

丘陵是山的小弟弟。

是呀！是呀！丘陵也算山，可比山小得多，也低矮得多。在地质学家眼里，它压根儿就算不上山。因为它实在太矮小了，和高大的山相比，根本就排不上号。可是一些人却不管三七二十一，提起这些矮小的"侏儒"，嘴巴里动不动就"山"哪"山"地叫得欢。

武汉的丘陵，似乎就不太谦虚。明明比真正的山差好大一截儿，却冠以龟山、蛇山、洪山、桂子山、珞珈山、磨山之名。认真检查一下，有的只不过几十米高而已；幼儿园的孩子牵着妈妈的手，也能一步一步爬上去。

得了，别说武汉了。我就是在武汉出生的，不会说不太恭敬的话。从另一个角度来说，这岂不表明这儿的人们有底气吗？如果没有深沉的底气，能够这样大大咧咧地叫什么这"山"那"山"的吗？

再说了，北京也有同样低矮的景山、万寿山、玉泉山呢；南京的紫金山也不算太高，最高的主峰北高峰，也就是宁镇山脉的第一峰，海拔只有 448.9 米。

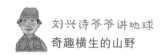

从我们在前面介绍的山地高度分类表上看，这些山也只能算是比较高的丘陵，还算不上低山这个等级。

苏州的虎丘，自称"丘"而不称为"山"，显得非常谦虚，这就摆对了自身的位置。许多自高自大、牛皮吹得比天响的人，得要好好学习一下才好。

让我们再强调一句，相对高程不到500米的，统统是丘陵。难怪地理学家把我国东南沿海地区面积广阔的山区，干脆就叫作江南丘陵。

得了，别在这儿争什么这山那丘的了。唐代大文学家刘禹锡在《陋室铭》中就说："山不在高，有仙则灵。"虎丘有的是神话、历史佳话，在人们心中，当然很灵很灵啰！

丘陵是怎么形成的？它的形成有各种各样的原因。

紫金山本身就是宁镇山脉的一部分。毛泽东词中那"烟雨莽苍苍，龟蛇锁大江"的龟山、蛇山，过江后顺着低矮的山脊，一直向南延展，经过洪山、桂子山，直到珞珈山，也是一脉相连的。

哼哼哼，在这儿讲一句大话吧——这岂不也算是一个微型的"山脉"吗？用过去的话来说，就是一条特别珍贵的"龙脉"了。

唐代诗人崔颢所吟咏的"昔人已乘黄鹤去，此地空余黄鹤楼"诗句，以美丽的神话故事入题，就是在"龙头"蛇山上拟就，从而流传百世。

还有些孤立的小丘，是怎么一回事呢？

白居易在一首词里描述江南的小山：

汴水流，泗水流，流到瓜洲古渡头。吴山点点愁。

五代南唐的冯延巳，在同样的地区，描写同样的"吴山"，也写道：

　　春艳艳，江上晚山三四点。

文天祥也在一首诗中描述南通的狼山与旁边几个小山：

　　狼山青几点，
　　极目是天涯。

请注意，其中的"点点""三四点"和"几点"这些词，显示出作者们观察得非常仔细，用的都是"点"这个特定的字眼。这明明白白表示，这些"吴山"都是一个个孤立的丘陵，并不是连续分布，似乎也就谈不上有龟山、蛇山、洪山、桂子山那样的"脉"了。这是长江最下游的江南、江北两岸丘陵分布的一个特点。

这是怎么一回事？可能有两个原因。

其中一个原因，这些山本身就是一种侵蚀残丘。

侵蚀残丘是怎么一回事？看它的名字就知道了。

你看，"侵蚀"表示这是外来力量破坏的。另一个"残"字，表示是破坏后的残余部分。顾名思义，这就是经过长期风化剥蚀后，在地面残留的小山包。这种地貌大多数是孤立的，没有什么

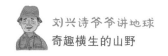

分布规律。

另一个原因，这些山似乎也有一条隐藏的"脉"。

仔细观察这些小丘陵，有时发现它们虽然隔得很远，却好像断断续续互相远远连接。这很可能原本是一串，经过长期剥蚀后才分开的。由于这里是地壳沉降地区，相互连接的"脉"很可能被泥沙掩埋了。当然，这些"脉"不能和龙那样的传奇动物沾上边，不过是地质构造所决定，是同一个岩层、同一条构造带所留下的遗迹。

丘陵形成的原因还有很多。河流、冰川、黄土、风沙，或者别的堆积物，后来被其他力量切开，也能形成小小的丘陵，甚至人工堆积的也算。《三国演义》中，关羽在徐州附近兵败，被曹操困在一个土山上。如果真的是土山，就属于这种堆积形成的丘陵。

其实，在古人眼中，小小的丘陵并不比山的地位低，就好像社会基层的贫苦大众，并不比一些达官贵人低似的，甚至其人品还散发出更加灿烂的光辉。我国最早的一部叫作《尔雅》的词典，就把地形分为三大类，列出"释山""释丘""释地"三部分。把小小的"丘"和大大的"山"，以及整个"地"并列，岂不就是最好的说明？

小时候读欧阳修写的《醉翁亭记》，开始一句就说"环滁皆山也"，接着又叙述"其西南诸峰，林壑尤美"。这引起我很大的兴趣，巴不得立刻去看看这位"唐宋八大家"之一的欧阳修老先生专门推荐的这个地方，想不到这个愿望过了大半辈子才实现。我已经成为一个"老江湖"的地质汉子后，专程来到这里一看，哪有什么"山"啊"峰"的，不过都是低矮的丘陵而已。然而慢慢陶醉其中，仔细欣赏风景，反复诵读这篇文章，追忆当年旧事，许多朦朦胧胧的情愫，就不由得在胸中涌起。

安徽滁州醉翁亭

例如为了纪念欧阳修和也曾经在此任太守的王禹偁，二贤堂前的廊柱上有一副对联：

> 谪往黄冈，执周易焚香默坐，岂消遣乎；
> 贬来滁上，辟丰山酌酒述文，非独乐也。

是呀！他们两位经历了那么多的坎坷命运，在这儿默默独坐观景，哪儿仅是无聊的消遣？联系当时的时代风云和他们的遭遇，忽然觉得这两位先贤的形象朴实而又十分高大，一下子就产生无限敬仰之情。转身看琅琊山周围的小小丘陵，仿佛也真的是"山"，而不是"丘"了。

"山""丘"的差别，从地质科学的角度必须较真。如果从人文历史的角度来观察，似乎也不必太认真。这是不是也算一种辩证的关系呢？

第四章
高高的高原

请问，世界上还有什么巨大的地貌单元，可以和巍峨的山地并驾齐驱、一比高低呢？

只有同样巍峨的高原。

高原是什么样子？

不消说，地势很高、很高，在周围的平地或者群山中高高拱起来。太阳在头顶，白云在脚下，似乎是神仙居住的天台，只有这样才能表现出一个"高"字。

高原是什么样子？

不消说，地势很宽展很宽展，面积十分广阔，可以放开马蹄，尽情往前奔跑，不用担心一下子就跑到尽头。就是这样任性骑马，才能体会到"原"是怎么一回事。

高原是什么样子？

可以轻轻松松就爬上去吗？

不成啊！高原不是平原，四周的陡坡，好像是一条界线，和下面的地方分开。上高原，好像上高山。有的高原很高很高，一步步爬上去，呼吸非常困难。

高原上到底是什么样子？

有的高原上，地势很平很平。平坦的高原面，铺展得很远很远。

请看南北朝时期的《敕勒歌》描写的蒙古高原：

敕勒川，阴山下。
天似穹庐，笼盖四野。
天苍苍，野茫茫，
风吹草低见牛羊。

看哪，辽阔的天空，笼罩着四面八方的茫茫原野。成群的牛羊，在无边无垠的草地上自由自在、来来往往。简简单单几句话，描绘出一幅多么壮美的草原图画，这种场景就是高原最好的写照。

蒙古高原

当然啰，这儿的地形也不是绝对平坦，多多少少有些轻微起伏，和平滑的桌子面不一样。

为什么蒙古高原这样平坦？

因为在这个高原的大部

黄土高原

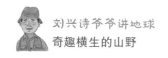

青藏高原风光

分地方，都盖着一层很厚、很硬的玄武岩，好像是保护它的铠甲，很不容易被风化剥蚀。加上没有河流切割，高原面就保存得很好，显得比较平坦了。

陕甘宁的黄土高原，也是一个平坦的高原，但和蒙古高原有些不一样。这里的高原面很平、很平，几乎没有一丁点儿起伏。

这是怎么一回事？

原来这是风带来的黄土堆积，一层层覆盖在下面的基底地形上，高原面就像桌子一样平坦了。有的地方后来受到破坏，才变成一些黄土丘陵。

高原都是平的吗？

那才不见得呢！

高原有不同的种类，"世界屋脊"青藏高原就和蒙古高原、黄土高原大不相同。

在青藏高原上，还有喜马拉雅山脉和别的山脉。想一想，高原上还耸峙着雄伟的高山，那有多么壮观！

这是怎么一回事？

原来这是板块挤压造成的。经历了非常复杂的构造运动，它的地质历史和蒙古高原、黄土高原完全不是一码事。

西南的云贵高原又是另一种情况了。高原面被切割得支离破碎，变成了一道道山岭和一座座山头。仔细看，所有的山顶大致一样高，似乎有一个看不见的平面把它们连接在一起。

这是怎么一回事？

它原本是一个完整的高原，后来随着地壳不断抬升，河流向下切割，加上其他各种各样的地质作用共同的影响，才变成这个样子的。

明白了，高原并不是一样的。在不同的情况下，生成了形形色色的高原。

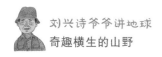

台原和山原

台原是中央平坦、周围环绕着山地的一种地貌类型。山原不仅周围有山地环绕，中间也高高耸起起伏不平的高山。人们常常说起的帕米尔高原，其实就是一个典型的山原。

帕米尔高原

第五章
形形色色的平原

平原是什么样的风光？

陶渊明在一首诗中说：

> 平畴交远风，
> 良苗亦怀新。

请注意，平地上可以迎来远远的风，可见这一片田野多么宽广平坦，中间没有一丁点儿阻拦。

南宋诗人杨万里在一首诗中也说：

> 一眼平畴三十里，

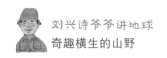
际天白水立青秧。

瞧吧，一眼可以看三十里，一片片水田一直伸展到天边，地势多么平坦宽展哪！

平畴三十里算什么！还有平畴万里的词语呢。

平畴就是平坦的田野，也就是平原的意思。

平原、平原，平坦的原野。这是一种能够和山地相提并论的巨大地理单元，是一种最基本的地貌类型。

平原都是一眼望不见边、地面绝对平坦的吗？

那可不一定。

平原上都是布满疏松的泥土，到处都可以种庄稼吗？

那也不一定。

我从北京大学毕业后留校，曾经在地貌教研室工作，导师给我安排的研究方向就是平原地貌。在以后的几十年工作中，见识了各种各样的平原，这才了解平坦的平原——其实其中也很复杂，有形形色色的种类。

华北平原

最常见的平原是冲积平原。虽然都是冲积平原，但它们的表现却有些不同。前面引用的陶渊明、杨万里笔下描写的就是南方的冲积平原，它地势非常平坦，泥沙堆积很厚。而长江中游的江汉平原、下游的长江三角洲平原，气候温暖，水分充足，适合大面积种植水稻。

华北大平原可就多多少少有些差别了。它气候干燥，主要种植旱地作物，地形也与南方的冲积平原略微不同。

仔细看，这儿的平原地面并不是像老乡话中的"一展平"，而是常常纵横分布着一道道"土冈子"，中间一片片宽展的洼地，起起伏伏和南方的平原有些不一样。

咦，这是怎么一回事？原来，黄河泥沙多，在河床里越堆积越多，就形成一种特殊的悬河，成为一道道突起在地面的"土冈子"了。古河床中间相对低洼，显得起伏不平。在往昔的历史长河中，黄河曾经一次次决口改道，留下一条条黄河故道，总的面貌就和南方的冲积平原有些不一样了。

长江上游的成都平原是另外一回事。这是因为岷江出山后，再也没有山地约束，就可以任性撒野了。岷江在山外的平地上无拘无束地流来摆去，一条大江分散成许多细小的水流，流向冲积扇边缘，活动范围宽阔得多，所形成的是一种特殊的三角形倾斜的平原，好像是一把扇子，斜斜地摆放在山口外面，就给它取名叫作冲积扇边缘。两千多年前，战国时的水利家李冰，就是巧妙利用这种地形，建成了都江堰水利工程。他利用冲积扇的天然倾斜地形，通过无数微血管似的小河和灌溉渠，浇灌出号称"陆海"的"天府之国"。

大自然的情况可复杂了，还有一种更加奇特的平原呢！

请看我在加拿大南方的萨斯喀彻温省画的一幅地质素描。这

加拿大南方的萨斯喀彻温省的准平原

里的地形像波浪一样微微起伏，并不是真正的一马平川，却又算不上丘陵，还得把它算进平原的家族里。

这是由侵蚀作用形成的平原，地质学家给它取了一个名字，叫作"准平原"。这个名字很有趣。平原就是平原，为啥带一个"准"字？什么是"准"？就是还差一丁点儿，还有一些不够格的意思呀！

原来这是由剥蚀作用生成的，和河流堆积作用完全不一样。它好像是一张用斧头一点点削成的桌子，桌面怎么可能像冲积平原一样平坦呢？

准平原生成的原因也各不相同。一般是在地壳长期稳定的情况下，被各种各样地质作用削平的。

有一句唐诗说"丘山常自平"，不管作者是什么意思，我从另一个角度解读这一句诗，就觉得其中的"自平"两个字很有意思，用来解释准平原的成因，又有什么不可以呢？

呵呵呵，这算是古诗今解吧。请一千多年前的诗人不要责怪我才好。

加拿大南方这样的准平原，经历了完全不同的发展过程。在第四纪冰期时代，这儿原本是巨大的北美大冰盖分布的地方。冰期结束后，又厚又重的大冰盖逐渐消失。由于消除了压力，地面逐渐缓慢抬升，藏在冰盖下的平坦地面就被缓慢切割成这个样子了。我给它取了一个名字，叫作"重力减荷准平原"。

第六章

大盆和小盆

俗话说:"山无三里平。"

在山的王国里,处处峰峦起伏。乍一听,似乎是对的。可是仔细琢磨一下,又觉得这句话禁不住推敲。

在连绵不断的崇山峻岭中旅行,时不时会瞧见有的地方忽然袒露出一片片宽窄不一的平地,和周围山峦十分协调地融合在一起,似乎本身就是山的一部分。谁说山神爷心胸狭窄?这就是山敞开的坦荡胸怀。有一句宋诗说"山围平野四回环",就有一些这样的意境。

不管这些平地有多大,在万山丛中有这样一片地方,就是难得的"宝地"了。村镇和田地大多分布在这里,主要的道路也从这儿伸展出去,这里也成了山中居民集中的处所和"粮仓"。不消说,这里也是山区里的一个个大大小小的区域中心。

这种山间平原,我国西南地区称为"坝子",又叫作"坪"。

云贵高原上有许多坝子。在这些形状不一、大小不等的坝子里,散布着许多城镇村寨。这些地方人口密集,土地肥沃,自古以来

云贵高原上的坝子

就是人们聚居的地方，是孕育各族文明历史的小摇篮。古代神秘的"南方丝绸之路"，在我国境内经过的许多古城、小王国和部落，都散布在这样的万山环绕的坝子里，像是一大串闪烁着熠熠光辉的明珠。

请看我在湖南茶陵县潞水画的一幅地质素描，就可以说明一些问题。

湖南茶陵县潞水盆地

不熟悉山中情况的人会问：为什么在起伏不平的山区里，会忽然露出一块平地？这是老天爷怜悯山民生活太艰苦，特地赏赐给他们的一块宝地吗？

不，这是地质构造生成的。

最常见的情况是周围的山沿着断层抬升，中间的地方陷落下去，就成为山间盆地了。

有的山间断陷盆地很大，陷落很深，积聚了周围流来的溪水，成为风光秀丽的湖泊。云南昆明城郊的滇池、大理的洱海、四川西昌城外的邓海，都是这样生成的。

有的山间断陷盆地周围的裂隙很深，打开了通向地壳深处的通道，有时有滚烫的岩浆涌滚出来，生成一座座火山。著名的山西大同火山群，就分布在这种样式的山间断陷盆地里。

盆地周围有很深的裂隙分布，是地壳活动十分活跃的地方，有的地方还经常发生地震。四川西昌、云南大理所在的山间断陷盆地就是著名的地震区，历史上曾经发生过多次强烈地震，造成过很大的灾难。

不过，住在山间盆地的人们不用担忧，这是一种常见的地貌形态，一般都不会发生火山喷发和破坏性地震。大多数山间盆地都有缺口和外界相通，也不会积水成湖，更不会由于水流不出去而发生水灾。

山间盆地多种多样，生成的原因各不相同，有的由于岩层向中心凹陷，形成天然的低洼地形；有的地方岩石松软，经过漫长岁月的磨蚀形成洼地；还有一些地方，由于河流、冰川的剥蚀和石灰岩的溶蚀作用，也能生成大大小小的山间盆地呢。

自然界里的盆地并不都这样小，还有巨大的盆地，它可以和

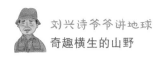
山地、平原并列为三大基本地貌单元呢。我国的四大盆地——塔里木盆地、准噶尔盆地、柴达木盆地、四川盆地，面积都很大，四周围绕着高大的山脉，好像是一个个天生的大盆子。

这些巨大的盆地是怎么生成的？

原来这儿是一些坚硬的巨大地块，在板块运动中，虽然四周挤压形成山岭，却丝毫不能影响中间的地方，就这样慢慢形成一个个巨大的盆地了。

柴达木盆地

第七章
死守三十六年的小山

南宋末年，镇守四川的余玠，正坐在山城重庆的将军府里发愁。

他愁什么呢？

作为领兵的大将，不消说是为打仗的事情。

哎呀！情况很不好哇！北方崛起的蒙古，刮起了一股可怕的旋风。黑压压的一群群蒙古骑兵，挥舞着亮闪闪的马刀，从东到西势不可当。他们冲破一个个城堡，打垮一支支仓促组织起来的中亚联军，接着又打垮了欧洲联军。蒙古军队一下子就席卷欧亚大陆，一直闯进遥远的欧洲和西亚，他们要做世界的主人！

余玠管不了那么远的事情，只对眼前的燃眉之急焦愁得没有办法。

眼前有什么发愁的事呢？

也是这一股蒙古旋风，眼看就要越过秦岭、大巴山天险，打进他的防区四川了。作为镇守这一方的大将，手下没有多少兵马，压根儿就不是凶悍的蒙古骑兵的对手，他怎能不急呢？

急有什么用，得赶快想办法呀！

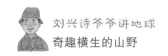

　　俗话说，集思广益。一个人的脑袋不够用，就听大家的吧。为了得到好点子，他敞开大门，公开悬赏，欢迎大家出主意。

　　消息一传开，从四面八方赶来了许多人，一个个都自称是高人。他们大吃大喝，高谈阔论，各自陈述自己的高见。不消说，几乎都是滥竽充数的南郭先生。尽管如此，余玠却一点儿也不放在心上，只要有抵御强敌的办法，多花一点儿伙食费又算什么呢？

　　在这些骗吃骗喝的家伙中，有两个从贵州来的名叫冉琎和冉璞的人却与众不同。他们每天都关在屋内，不知在倒腾些什么，常常连吃饭都忘记了。

　　余玠感到奇怪，悄悄从窗外一看，不由得吃了一惊。想不到他们正趴在地上，一边堆造逼真的山丘地形，一边还悄声议论。

　　余玠感到二人与众不同，连忙推门进去请教。冉氏兄弟俩这

钓鱼城

才一五一十地说出了自己的秘密计划。

天地间任何事物都有自身的弱点。骄横的蒙古骑兵势不可当，宋军主要是步兵，绝对不能按照常规在平地摆开阵势决战。而骑兵最怕的就是山地，蒙古马刀也没有宋军的大炮先进。四川有的是山，宋军也有不少大炮。如果选择一些地方，筑起山寨死守，敌人再厉害，也没法发挥自己的长处了。

好哇！这好像是下一盘象棋，来一个"炮"与"马"的决战，用崎岖的山地，限制住奔腾的马蹄。真是知己知彼、扬长避短的好主意！

余玠立刻下令选择地形，修建了二十多座要塞，把官员和老百姓都迁移进去，囤积粮草，准备和敌人打持久战。这些要塞的地形都易守难攻，一个个都是难啃的硬骨头。

其中，在重庆大本营附近，合川的嘉陵江边，有一座天生的钓鱼城。它不仅三面环江，不易受到攻击，而且地形也十分奇特。这种山地是水平岩层形成的，山顶平坦宽阔，好像是一张巨大的石头桌子。平坦的山顶可以种粮食，驻扎千军万马。四周陡峰围绕，像是天生的石墙，别说是骑兵，即便是动作灵活的步兵也别想顺顺当当地攀登上来。

蒙古骑兵想冲，冲不上来。想围困吧，山上有的是自给自足的粮食和泉水，你围个十年八年也不怕。

你知道这座小山守卫了多少年吗？不说不知道，一说吓一跳。就好像一场马拉松长跑似的，竟打了整整三十六年。

这还不算呢。在这场"炮"与"马"的决战中，宋军的大炮大显威风，活活打死了带兵攻打的都元帅汪德臣。蒙古大汗蒙哥也吃了炮弹，受重伤后不治而亡。

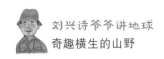
啊，这可是特大新闻，消息立刻就传遍四方，一直传到遥远的西方前线——今天的叙利亚、巴勒斯坦一带。这里有一支蒙古西征大军，第二天就要和埃及、阿拉伯联军决战。心慌意乱的联军不是对手，眼看蒙古人就要打进非洲，或者转一个弯踏进土耳其和欧洲东南部了。谁都没有想到，蒙古大军没有和他们交手，当天夜晚就转过身子，消失得无影无踪了。

已经绝望的联军以为是神的帮助，才赶跑了所向无敌的蒙古骑兵，纷纷举手朝天，感谢善心的神灵。

呵呵呵，哪有这么一回事！原来蒙哥大汗被打死的消息传到前线，领兵的王子要回去争夺王位，士兵们也没有心情打仗，便连夜撤退回去了。

瞧吧，这岂不是钓鱼城的宋军，利用特殊的地形，无意中帮助了阿拉伯人，进而改变了非洲和西亚，甚至南欧的命运吗？

高鼻子西方人，请到钓鱼城来，好好感谢一下救命恩人吧！

宋军抵抗蒙古骑兵的要塞群

在余玠的布置下，宋军选择了好几十座地形险要的要塞，抵抗凶狠的蒙古骑兵。除了川东的钓鱼城，还有一些重要的地点，例如：

川中的青居寨——修造在今天南充市附近，嘉陵江曲流环绕的地方，只消在狭窄的曲流颈修一道短短的城墙，就可以高枕无忧了。

川南的神臂寨——在今天的泸州附近，是长江边的一个岬角，三面环水，只有一条陆路可以进入。

川西的云顶寨——高高坐落在沱江峡谷旁边的山顶上，若把成都官府和老百姓也搬来，就安全多了。

钓鱼城的秘密

为什么钓鱼城能够死守三十多年？这和它的特殊地质构造有关系。

原来这是水平岩层形成的一种平顶山，岩石非常坚硬。自然造化了平坦的山顶和周围的陡崖。它有一个专门名字叫方山，或者干脆就叫桌山。非洲最南端的好望角有一座著名的桌山，也是同样的地质构造。蒙古骑兵虽然很厉害，也不能冲杀上去；加上崖上宋军有大量的大炮和弓箭，打死打伤许多蒙古士兵，这就更让蒙古军队没有办法了。

话说到这儿，没准儿有人会问：山上没有兵工厂，哪来那么多的炮弹呢？

嘿嘿嘿，这你就不知道了。原来炮弹就是用石头做的，山上取之不尽，用之不竭。我到成都附近的云顶寨要塞考察，当地文管部门给我看一些同样大小的圆溜溜的石球，不知道是什么文物。我告诉他们，这不就是宋元之战时宋军使用的炮弹吗？

第八章

"一夫当关，万夫莫开"的剑门关

大名鼎鼎的剑门关，自古号称"剑门天下险"，也有人说这里"天下壮"。这里有一个人们非常熟悉的攻防战斗故事。

读过《三国演义》的人，谁不知道这里曾经两军对垒，有过一场十分重要却没有相互残酷冲杀的战斗。

是呀！是呀！这是一场关系蜀汉王朝的生死战。一方气势汹汹志在必得，一方集中最后的力量，死守关口不后退。双方都聚集大军，使足了气力，却有"战"而没有"斗"，你说稀奇不稀奇？

咦，这是怎么一回事？自古两军相遇勇者胜，哪次不是杀得血流成河、尸骨如山？怎么可能没有发生一场像模像样的战斗呢？

这就是一方因地制宜用兵的奥妙了。

原来这是蜀汉后期，一个风雨飘摇的时代。诸葛亮死后，他的接班人姜维竭力维持摇摇欲坠的蜀汉政权，显得力不从心。强大的魏军在大将钟会的率领下，突破了秦岭天险，长驱直入四川

剑门关

盆地，一口气儿打到剑门关前。他们指望一战歼灭蜀军最后的力量，冲破这个关口直取成都，彻底消灭蜀汉政权，活捉刘备那个不争气的儿子阿斗，建立曹操和司马懿都没有完成的不朽功业。

姜维可不是傻瓜，不会和敌人硬碰硬。他非常聪明地利用剑门关的地形，紧紧关闭关门，死守在里面不动。不管你怎么叫骂

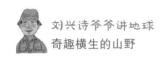

也不理睬，用时间来消磨敌人的锐气，不让对手前进一步。他慢慢静观天下大势，希望能够最后翻盘。

瞧吧，这岂不就是《孙子兵法》里说的"先为不可胜，以待敌之可胜"的道理吗？先打造自己立于不败的基础，再耐心寻找可以战胜敌人的机会。诸葛亮的这个好学生，真是把兵法学透了，不愧是一代名将。

姜维有什么本钱，能够阻挡钟会的大军呢？是自己有足够强大的力量，可以向敌人叫板吗？

不，双方实力差距大，蜀军根本就不是魏军的对手。

有诸葛亮留下的秘密武器吗？

也没有哇。

这也不是那也不是，到底是什么原因呢？

原来，他凭仗的就是剑门关。

抬头看，好一个剑门关，位于一道刀削似的绝壁中间。关口起伏的峰峦像是天生的石墙，连绵上千米，横亘在来犯者的面前，胜过秦始皇修建的万里长城。

仔细瞧，这道山墙并不算太高，山势却很险。进出的关门，修筑在唯一的一个狭窄隘口里。只要关紧城门，敌人压根儿就别想通过。

你想知道它是什么样子吗？

请听杜甫的现场描述吧。

他称赞这里"唯天有设险，剑门天下壮"，还说"两崖崇墉倚，刻画城郭状。一夫怒临关，百万未可傍"。

姜维凭仗这个险要的地形，激励手下将士拼命抵抗，魏军插上翅膀也别想过去。请别小看了这个关口，其作用等于十万大军。

关前地形这样险恶，想不到关后却大不一样。

杜甫说："连山抱西南，石角皆北向。"

诗人慧眼观察，揭示了关前、关后地形的不同。锋利陡峭的石棱袒露在北面关前的绝壁上，敌人别想攀越通过。关后的南坡却非常缓和，蜀军可以自由来往。姜维就是利用这种天然的不对称地形，挡住了自北向南进犯的强大魏军，气破了敌人的肚皮。

是呀！一个想速战速决，一口气儿拿下摇摇欲坠的蜀汉王朝；一个却守住关口，压根儿就不出战。尽管两支大军在这里相遇，却隔着关门没法相互碰撞。

险要的剑门关，可真的是"一夫当关，万夫莫开"的雄关哪！

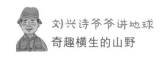
 小卡片

单面山

剑门关天险是怎么生成的？为什么这儿的山形不对称？

地质学家说，这是一种特殊的地质构造。岩层朝向一边倾斜，就形成不对称的山形了。这种山有一个专门的名字，叫作单面山。法国巴黎盆地边缘也有几排同样的单面山，算是作为巴黎的一点屏障吧，只不过没有剑门关险峻而已。请你不要坐飞机从天上来，乘坐汽车进巴黎就能瞧见了。

其实，自然界里绝对水平的岩层很少。岩层形成以后，受到后来的地壳运动的影响，多多少少总有些倾斜。所以说，单面山并不稀罕。为什么不是到处都能生成像剑门关一样的不对称的地形呢？

剑门关的生成和当地的岩石特别坚硬、关前地势特别陡峭有关系。几种因素结合在一起，才生成了号称"天下险"的雄关。

你知道吗？

盼望团圆的半屏山

台湾高雄附近的海边，有一座半屏山，流传着一个动人的故事。

据说，从前这儿有一个美丽的、叫石屏的姑娘，和一个名叫水根的打鱼的小伙子深深相爱。想不到海神爷看上了石屏姑娘，硬要把她抢进海底龙宫。石屏姑娘说什么也不愿意，紧紧抱着水根不分开，并化成了一座石屏山。海神爷生气了，一斧子把石屏山砍成两半，用海水把他们隔开，让他们一半在福建，一半在台湾。

尽管海神爷把他们硬生生分开了，可是他们的心却永远也分不开。石屏姑娘化身的半屏山站在海边，日日夜夜盼望着海峡对岸的另一半。水根化身的另一半，也在海峡那边遥遥望着这边，希望有一天能团圆。

半屏山在台湾高雄西北面一个叫左营的地方的海边。这座山的山形很奇怪，好像是一个圆馒头，被掰开为两半似的。东坡陡，西坡缓，两边的坡度相差很大，山形很不对称。

仔细一看，原来是岩层倾斜方向造成的。这里所有的岩层都倾向东边，当然就形成东西坡度不一样了。

地质学家说："这是单斜构造哇！"

什么是单斜构造？就是岩层全都朝着一个方向的地质构造。

单斜构造产生的原因有好几种，最常见的是地壳升降运动。如果岩层一边抬高掀起另一边相对下沉，或者一边下沉另一边相对抬高掀起，都能够造成整个岩层倾斜。剑门关的地形就是最好的例子。

除了这种跷跷板似的、简单的一边抬起一边下沉的运动，别的原因也能够造成同样的现象。

另一种原因是岩层受到强烈挤压的结果。被挤压拱起的地质构造，叫作背斜构造；被挤压下凹的地质构造，叫作向斜构造。不管背斜还是向斜，两边的岩层都朝着一个方向倾斜。背斜成山，两边的岩层朝外倾斜；向斜成谷，两边的岩层朝里倾斜。

如果背斜形成后，受到外力影响，从中间破裂开了，只剩下两边倾斜岩层构成的残余山地，岂不也是两个单面山吗？

台湾的半屏山就是这样的。有趣的是，隔着海峡在福建那边，也有一座同样的单面山，只不过岩层的倾斜方向是相反的。这个故事说，海神爷把石屏山砍成两半，用海水把它们隔开。倘若把它们合拢在一起，岂不就拼凑成一个完整的背斜构造了吗？

石屏姑娘和水根盼望团圆，分隔的两岸人民也盼望统一团圆！

第九章
褶皱山

走进山里的人们，常常看见一种非常熟悉的景象：只见一层层岩石卷曲起来，好像是软软的毯子和面卷。

再一看，更加稀奇了。想不到一座座山的岩层也是弯曲的，这会是山神爷做的大花卷馒头吗？

哦，仔细看了又看，这才发现了一个天大的秘密。原来山里的岩层很少是平的，总是多多少少有些弯曲，好像波浪一样起起伏伏。一个拱曲生成一座山，一个凹陷生成一个谷。眼前一片山，数不清有多少弯曲。看山的人看傻了，几乎不相信自己的视觉。是不是看花了眼睛，再不就是喝醉了酒？

咦，这是怎么一回事？叫人好糊涂。

难道真是山神爷蒸的一笼花卷馒头，时间太长了，全都变成硬邦邦的石头？

难道这儿曾经是一片汹涌起伏的大海，在神奇的魔法下统统变成了岩石？这些弯曲的岩层，就是波浪的化石吗？

不明白！实在不明白！

群山马尔多褶皱构造

使劲拍打沉默的岩壁，问躲在里面的山神爷，不知他是睡着了，还是到玉皇大帝那儿去做客了，静悄悄没有回答。

问三家村里的白胡子乡学究吧。这位老先生捋着胡须，瞪大了眼睛，结结巴巴地说："这……这话在四书五经里没有，孔老夫子也没有说过呀！"

问这不知道，问那不回答，干脆问地质学家吧。

地质学家微微一笑说："傻孩子，这是褶皱构造哇！"

什么是褶皱构造？就是一种褶皱得弯弯曲曲的地质构造。

这样的地质构造太多了，几乎到处都可以见到。

你看下图，这是我在长江巫峡的巫山十二峰附近，江身转了一个大弯的地方，坐在南岸面向北岸画的一幅地质素描画。山顶远处一个石头柱子一样的孤峰，就是有名的神女峰。这是它的侧面远景，需要顺流转过弯去，才能抬头看见它的真容。

瞧吧，对岸的岩层就是一层层弯曲的，这就是褶皱构造的一部分了。

根据拱起和凹下的不同，褶皱构造包括两个部分：拱起的部分叫作背斜，凹下的部分是向斜。一般背斜成山，向斜成谷。这个道理简单，仔细想一想就明白了。

从侧面看巫峡神女峰

你看，画里巫山十二峰一带，不就是一个非常完整的背斜吗？

啊！知道啦。原来眼前这个巫山山脉就是一个巨大的背斜呀！

向斜呢？由于天生地势低洼，当然就成为水流经过的河谷啰。

告诉你吧，在褶皱成山的活动中，不是一褶一皱就能形成简简单单一座山、一个谷，整个过程十分复杂，往往会生成一道道平行的山和谷地。就以巫山山脉来说吧，不是简单的一个褶皱，而是一系列平行的褶皱，才组成了一个面积广阔、延展深远的大山脉。顺便告诉你，"世界屋脊"上的喜马拉雅山脉，也是一个巨大的褶皱带呢。

话说到这里，没准儿有人想不通，肯定会提出一个问题：坚硬的岩石不是桌布、面皮，怎么可能被挤压得皱起来？别说是一般的裁缝师傅、做面的老师傅，就是世界举重、拳击冠军，也没有这样的力量啊！

哼哼哼，人间的凡夫俗子算什么，传说中的大力神也不算一回事。这是地壳压力形成的。当地壳发生水平运动的时候，来自两边的压力，就像是两只看不见的大手似的，揉皱一层层岩石，就生成有弯弯曲曲岩层的山脉了。

一个拱曲成一座山，一连串拱曲就成了一条山脉。

这样的山，就叫作褶皱山。

不是山的山城

重庆是有名的山城。来到这儿一看，到处都打出"山城牌"，人人都以山城而骄傲。想不到地质学家却说，重庆是一个不是山的"山城"。

哈哈！重庆明明是在一座山上嘛，怎么这样睁眼说瞎话？这个地质学家的牌子应该砸掉算了，在事实面前，摆什么专家的架子糊弄人。

不，他没有说错。重庆的确是一个不是山的"山城"。

不信，请你仔细看一看。重庆在长江和嘉陵江两江环抱之间，好像是一个天生的"半岛"，是"山城"，也是"江城"。古时候重庆有一个名字，叫江州。在两江之间的市中区"半岛"上，岩层基本上是水平的。原来这里就是向斜所在的地方。长江南岸的一排山是背斜，嘉陵江对岸的远处还有一列背斜山。一个完整的褶皱构造摆在眼前，一切都是清清楚楚的。

坐落在向斜里的重庆，怎么变成山城了呢？原来这是两边的长江和嘉陵江向下切割的结果。两条江在两边不断下切，中间的重庆城就相对突出，变成一个"山城"了。

哦，原来重庆是一个不是山的"山城"啊！

这样的特殊情况，就叫作地形倒转。

重庆渝中半岛

第十章
飞峙江边的庐山

请看毛泽东同志的《七律·登庐山》：

一山飞峙大江边，跃上葱茏四百旋。

冷眼向洋看世界，热风吹雨洒江天。

云横九派浮黄鹤，浪下三吴起白烟。

陶令不知何处去，桃花源里可耕田？

好一个"一山飞峙大江边"，好一个"跃上葱茏四百旋"，把庐山的气势描绘得活灵活现。

现实中的庐山有什么气势？

挺拔，雄伟，高高耸立在长江边。

这首诗中的"飞峙""跃上"两个词，岂不就把这"挺"和"拔"描写得十分生动吗？

是呀！是呀！庐山就好像是从平地拔起来，一下子就笔直飞跃在空中一样。

庐山望江亭

　　著名的西岳华山是更好的例子。《山海经》描述它说："太华之山，削成而四方。其高五千仞，其广十里，鸟兽莫居。"这就比庐山更加雄伟壮丽了。

　　你看，它的一道道陡崖是"削成"的，外表形状是"四四方方"的，轮廓非常分明，真的是鬼斧神工啊！

　　要想上华山，难于上青天，自古以来流传着"华山一条路"的说法。

　　是呀！上华山，只能从光秃秃的笔陡崖壁上，小心翼翼地一步步往上攀爬。面对这样险峻的山，许多胆小的人压根儿就不敢上去。有的即使上去了，望着脚下的悬崖绝壁，也没有胆量下来。苍龙岭上"韩愈投书"之事，就是其中一个例子。据说韩愈对这座山非常好奇，好不容易爬上去，却吓得不敢下来，写了遗书从山上

华山西峰

丢下来，放声大哭了一场。可见华山有多么险。

为什么华山这样险？

为什么华山只有一条路？

因为它好像是从平地拔起来，笔直耸上半空中的。

这样陡峭的悬崖绝壁是怎么生成的？自古流传着一个沉香救母劈华山的故事。

传说玉皇大帝的小女儿三圣母，恋上了一个书生。她的哥哥二郎神觉得这太丢人了，就把她压在华山最高的西峰下面，叫她永世不得翻身。后来她的儿子沉香长大了，决心救出自己的母亲。沉香打败了舅舅二郎神，抡起斧头一下劈开华山，终于救出了受苦的母亲。他这一斧头砍下去，就把华山劈成陡峭的山峰了。

古人赞叹华山陡峭险峻，却不明白原因，编出沉香劈山救母的故事。一道道陡峭的悬崖绝壁，好像都是用斧头劈开的，说得形象极了。

这个故事当然不是真的。地质学家解释说，这是一个断块山哪！

断块山是山地的另一种类型。有人说，华山天下奇；也有人说，华山天下险。这"奇"和"险"，都是断裂形成的。

原来这儿是一条巨大的断裂带经过的地方。纵横交错的断层裂隙，把地块切割得七零八落。整个山体正好处在一个向上抬升的地块上，顺着周边一道道刀切斧砍似的断层崖升起，是一座典型的断块山。再加上坚硬的花岗岩，自然就形成这个外表四四方方、周边都是万丈悬崖、奇特无比的山形了。

其中特别是最高的西峰，西、南、北三面都是刀砍斧削似的绝壁环绕，只有东边一道陡坡通往峰顶。站在它的巅尖摘星台上，北望八百里秦川历历在目，似乎伸手就能摸着青天。脚下的翠灵殿前，有一块断成三截的大石头，旁边插着一把月牙儿形大铁斧，据说这就是沉香劈山的地方。

断裂构造形成的断块山，自然界里有很多很多。峨眉山、五台山，都是同样的类型。五台、五台，一个个断块七拱八翘，生动形象极了。同样的例子一下子说也说不完。

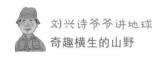

你知道吗？

地堑式的峡谷

断裂构造不仅能生成险峻的高山，也能形成峡谷。

唐代诗人畅当在《登鹳雀楼》中有一句"天势围平野，河流入断山"，描述的就是这样的情况。

请注意其中的"入"这个字、"断山"这个词，岂不清清楚楚地描绘出一条河，穿过一个断裂构造形成的河谷吗？

两边的地块沿着断裂抬升，形成地垒式的山地。中间地方沉降，就形成了地堑式的宽阔谷地，是河流穿过的好地方。汾河、渭河都流动在这样的断裂构造中。西欧有名的莱茵峡谷也是一样的。

地堑式的谷地，常常是活动性断裂带，也是值得注意的地震带。在汾河地堑和渭河地堑内，历史上曾经发生过多次剧烈的地震。

小知识

逢沟必断

地质工作者中，有一句流传很广的行话——"逢沟必断"。

这话是什么意思？说的是山沟大多沿着地壳破裂的地方形成。其中，很多都是断层所在的地方。这话虽然有些夸张，可也八九不离十。中国台湾著名的太鲁阁大峡谷就是一个例子。我在当地考察，看到峡谷里的立雾溪，的确就是沿着一条断裂带切开的。加上两边是坚硬的大理岩，湍急的水流仅仅切开一条窄缝似的峡谷，从笔陡的悬崖绝壁中间奔腾而下，号称"虎口一线天"。

第十一章

一样高的远山

生活在山里的人，都见过一种熟悉的景象：放眼看远方高高的山顶天际线，不管尖顶的、圆顶的，几乎都是一样高。好像有一只看不见的巨人的大手，把它们紧紧压住，不让一个山头冒出来比别的山头更高似的。

咦，这是怎么一回事？叫人好糊涂。

是不是所有的山顶都是水平岩层？

如果岩层是水平的，山顶当然也是平的。

不，这太不可思议了。地质构造千变万化，怎么可能所有的山顶都是水平岩层呢？

是呀！漫长的地质时代里，经过褶皱、挤压、掀起而形成的山地，岩层总是弯弯曲曲，或者是倾斜的，怎么可能都是一样平呢？排除了岩层本身的原因，就得另外寻找新的合理解释了。

地质学家找哇找，找到一些堆积成层的砾石。一个个被冲磨得圆溜溜的，看起来和河边的鹅卵石一模一样，不同的只是这些砾石风化得非常厉害，质地非常疏松，有的被轻轻一捏，就能捏

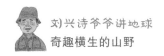

得粉碎。这些石头不知经历了多少岁月，东一片西一片地残留在山顶上。

不明白的人会问，这些山顶的砾石是从哪儿来的？

是不是修建什么工程，施工没有用完的鹅卵石？

不是的，工程用的鹅卵石要求非常坚硬，都是从河边直接运过来的。这些鹅卵石质地疏松，压根儿就不符合工程的要求。

是不是谁专门搬来的？

不，谁也不会发神经，吭哧吭哧地把沉重的鹅卵石搬上山。

这也不是那也不是，到底是怎么一回事？

谁把这些砾石带到这儿的？

是古代的河流。

谁把这些山顶切蚀成一片平地的？

也是古代的河流。

地质学家说："这是河流作用的证据。这种远看大致平坦的山顶面叫作夷平面，就是在过去地壳长期稳定的时候，河流和其他各种各样地质作用，逐渐剥蚀形成的准平原。后来随着地壳上升，古老的准平原抬升到山顶的位置，就形成这种山顶天际线一样平齐的现象了。"

山顶夷平面是山区常见的现象，几乎到处都能看见。老一辈的地质学家就在长江三峡地区划分出鄂西期、山原

长江三峡风光

期两个古老的夷平面，这两个夷平面代表这里曾经抬升又稳定的两个阶段。后来我在巫峡的笃坪和西陵峡其他一些地方，进一步发现了一个位置比较低的夷平面，上面也有残留的古老砾石层。从砾石成分分析，包括岩浆喷出的安山岩等许多种类，都不是当地的土产，而是来自遥远的青藏高原东部。这证实这里和四川盆地周边山地一样，都经历了三次长期稳定的阶段。

地壳活动不是小范围的，在一个广大地区内具有普遍性。广西地区原来划出了一高一低两个山顶夷平面。我在广西西部的大瑶山中，找到了一个相当于长江三峡山原期的中层夷平面，证实了广大范围内地壳活动具有普遍性的特点。西南地区有三个时代不同的夷平面，代表不同的地质发展阶段。

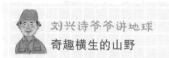

你知道吗?

长江三峡形成的历史

三峡的生成和巫山山脉、长江的关系分不开。先有巫山山脉,还是先有长江?这引起了许多科学家的争论。

有人说,先有长江,巫山山脉是后来拱起的。

有人说,先有巫山山脉。长江原本是两条河,分别从山地向东西两边流。后来东边的古长江向上游伸展,切穿了分水岭,才东西贯通,形成了现在的长江。

呵呵,这岂不也是一个"是先有鸡还是先有蛋"的问题吗?

我在三峡许多地方的山顶上都发现了古代河流切割生成的夷平面地形和残留的砾石层,在宜昌东边的早第三纪的东湖系地层中发现了来自遥远的青藏高原的变质岩砾石。这些都可以证明,长江的历史非常悠远,早在山地隆起以前就存在了。

第十二章
真假飞来峰

鸟能飞，云能飞，蝴蝶、蜜蜂能飞，大海里钻出的飞鱼也能飞。请问，山会不会飞？

哈哈！别开玩笑啦。山不是鸟儿和蝴蝶，也不是随风飘浮的白云，怎么能够飞呢？如果山也长着翅膀，在天上飞来飞去，那简直就是科幻世界里的怪物了。

野兽能跑，虫子会爬，请问，山能不能迈开脚步往前"走"几步？

呵呵，别睁着眼睛说瞎话。山没有脚，怎么能够动一步？如果一座座大山小山到处爬来爬去，岂不是在讲童话故事？

信不信由你，真有能够移动的山呢。

先听一个故事吧。

传说在东晋成帝咸和年间，有一个从印度来的高僧，走过杭州西湖边的灵隐寺面前，瞧见一座小山，惊奇地说："哎呀！这是中天竺国灵鹫山里的小岭，怎么飞到这儿来了？"

人们仔细一看，这座小山周身上下布满了大大小小的洞窟，长得奇形怪状的，好像是江南园林里的一块玲珑剔透的太湖石，

飞来峰的石刻

和周围的群山不一样，显得格格不入。如果不是飞来的，简直不好解释。

俗话说，外来的和尚会念经。他这么随便说一句，人们就信以为真了。"飞来峰"的名字一下子传开，名气还越来越大，成为西湖边的一处有名的景点。后人在这里塑造了许多佛像，许多文人雅士留下了诗词文章。一个个雕像和石刻，更加增添了山的灵气，引来无数善男信女顶礼膜拜，千百年来香火不断。

科学家勘查了杭州的飞来峰，发现这是一座侵蚀残余的石灰岩小山，和周围山地的岩性不同，因此造成了格格不入的景观，给人以从远方飞来的假象。

人们失望了，问道："难道世界上真的没有飞来峰吗？"

不，有的。

不管你信不信，世界上真有一些山会"飞"呢！在成都附近的彭州、什邡一带的龙门山前，就有许多大大小小真正的飞来峰，散布在广阔范围内，是有名的"飞来峰之乡"。

顺着进山的路仔细观察，就会发现两边的山丘出现了一个有趣的现象。时代古老的古生代的岩层，不是按照通常"上新下老"的规律被压在下面，反而在上面，压着时代新的中生代的岩层，不是"老子背儿子"，而是"儿子背老子"，显得非常奇怪。

这种反常的新老岩层层位倒转的现象，在别处很少看见。这引起了地质学家的注意，他们干脆就把这些山头叫作"飞来峰"。

不，这些峰不是真正"飞"来的，而是被一股特别巨大的力量从西边的大山里推送来的。

什么力量可以推送一座座沉重的山头？

这是板块挤压的结果。

原来这儿是青藏高原和四川盆地交界的地方，也是西边的西藏板块和东边的扬子板块接触的地方。

让我们把眼界放得更远一些，观察一下世界范围的板块运动。遥远的印度板块向北漂移，挤向西藏板块，挤皱了喜马拉雅山脉，把西藏挤得高高隆起。可是它的运动还没有停止，还在不停地继续挤压，就像台球连续碰撞一样，使西藏板块再挤向东边的扬子板块。

这两大板块的交界处，有一条巨大的断裂带，正好在成都平原西面的龙门山脉，也是青藏高原和四川盆地交界的地方。扬子板块在这里紧紧顶住强大的压力，不肯后退一步。西藏板块却继续向东挤压，把岩层挤得非常破碎。在漫长的地质时代中，一些巨大的碎块被推动着，顺着又低又平缓的断层面缓慢滑移，逐渐移动到很远的地方才停下来，生成一座座山头，所以就名正言顺

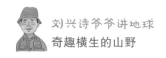
地成为"飞来峰"了。

这里是从前成都地质学院的实习基地，也是龙门山国家地质公园的一部分。我不止一次带领学生前往考察，最近还和中央电视台《地理·中国》频道前往拍摄短片，了解得十分清楚。

许多外国地质学家不远万里赶来参观，看了以后大开眼界，竖起大拇指称赞是"世界第一"。这里是公认的世界上面积最大、最典型的飞来峰分布地区。

小知识

各种各样的"飞来峰"传说

根据一本古书记载，浙江绍兴城里有一座"怪山"，是在一个风雨的夜晚，从山东"飞"来的。

另一本书上说，山东海边有一座山，本来是一座小岛。海神爷害怕别人偷走了，用一把锁把它锁在海里。谁知，山神看上了它，于是扭断了锁，把它搬到岸边。据说，有人看见在它的身上还缠着一条大铁链呢！

还有一本书上说，有一天晚上，长安城里的人听见响声如雷。天亮后一看，原来天上落下了许多黄土和石块，堆成了一座小山包，大家叫它"飞来峰"。

又一本书上说，西汉成帝在位的时候，有一颗星星从天上落下来，掉在河南延津县境内，成为一座小石头山，取名叫石丘。

浙江的"怪山"和山东的"怪山"不过是神话传说，而河南延津县的那个小山，似乎真是从天上飞来的。可是科学家跑去一看，完全不是那么一回事，也是一个离奇的传说。只有长安城外那座"飞来峰",像是山崩造成的,有一丁点儿从头顶上"飞来"的意味,可以勉强叫这个名字。

当然啰,这都是神话传说,和正儿八经的科学一点儿都不沾边。

你知道吗?

葛仙山的争议

龙门山前的飞来峰,有一个小小的插曲。其中在彭州葛仙山,一个"飞来峰"山头是较老的古生代二叠纪的岩层,恰巧盖压在较新的中生代侏罗纪的一个砾石透镜体上。想不到有人看了,误认为这是新生代第四纪的砾石层,时代差了十万八千里。这人一下子激动得跳了起来,宣布说:"这是古冰川推送来的,世界最大的冰川漂砾呀!"

唉,也不认真看一看,这是侏罗纪的东西,怎么一见着砾石,就断定是现代不久的鹅卵石?不好好想一想,如果要推动这个山一样巨大的所谓"漂砾",得要多大的冰川?周围哪有一丁点儿巨大冰川活动的其他痕迹呢?岂不是闹了个大笑话呀!

第十三章
天生一座大石桥

桥哇桥，世界上有许许多多桥，也有许许多多桥梁大师。

请问，什么桥最坚固？

哪个桥梁大师最了不起？

不是千年赵州桥，不是卢沟桥，也不是颐和园里的十七孔桥，更不是白娘子和许仙相会的西湖断桥。

不是传说中的鲁班师父，不是修建赵州桥的李春，也不是别的什么能工巧匠。

这些桥虽然都很了不起，建桥者都很有名气，深深受人尊敬，但这些桥和它的建造者却只不过都是人间的建筑和建筑师，还谈不上有上万年、几十万年的经历，没有经历过"地老天荒"的地质时代，还谈不上最坚固、最了不起。

最了不起的桥，是自然界里的天生桥。

最了不起的桥梁工程师，是大自然老人本身。

你不信吗？请跟随我看一些有名的天生桥，瞻仰大自然的杰作吧！

贵州安顺市的龙潭洞前，有一座天生的大石桥。古书上描写它："一石跨潭溪。广二丈许，长二十余丈。"

让我们来换算一下。

1 丈有 10 尺，1 尺等于 33.33 厘米。1 丈就相当于 3.33 米。

这座桥有两丈多宽，起码也有六七米，并排开两辆汽车绰绰有余。不怕风吹雨打，多好哇！

贵州的天生桥可多了，再看一座大的吧。

黎平县有一座 256 米长、118 米宽的天生桥，"拱桥"跨度最大的地方有 138.4 米，比跨度 88 米、高 30 米的著名的美国犹他州雷思博天生桥大得多。2001 年，这座天生桥获得了吉尼斯纪录的"世界之最"证书。

这就是最大的吗？

大方县的一座天生桥更大。桥身有 400 米长、200 米宽、178.25 米高，"桥孔"最大的跨度有 127.35 米。看来黎平天生桥的世界桂冠，应该让给它了。

贵州六盘水盘州市
娘娘山天生桥

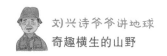

更加奇特的，这是天生桥、天窗洞、溶洞共同组成的一个特殊喀斯特景观。抗日战争期间的1940年，中国航空第一发动机制造厂就看中了这儿，在这里建造了包括螺旋桨车间在内的一些厂房。在艰苦的抗战岁月里，它做出了光荣的贡献。

除了贵州，云南和广西也有许多天生桥。

例如云南大理的下关，也有一座著名的天生桥。书上描写它："天桥下断上连，凭虚凌空，可渡一人，故名天桥。桥边激水溅珠，宛如梅树，谓之'不谢梅'。"

瞧吧，它和前面说的那些巨大的天生桥不一样。高高横跨在激流上，狭窄得像是一座独木桥。桥下波涛翻滚，发出震耳的响声，胆小的人压根儿就不敢走过这座桥！

为什么云南、贵州的天生桥特别惊险、特别多？

原来，这儿是一片石灰岩高原，地下有许多暗河。暗河顶部的岩石坍塌，只留下一丁点儿还连接着两边的洞壁，于是就生成了特殊的天生桥。

在石灰岩地区，溶蚀作用也能生成天生桥。

广西阳朔县的月亮山，有个拱门式的天生桥，就是溶蚀生成的。游客从山边经过，由于观看的角度不同，会看到一个从满月到一弯新月似的、奇妙无比的、圆缺变幻的月相。据说，美国前总统尼克松瞧见它，不相信是天然生成的。他爬上山去，考察之后赞叹道："这个'月亮'真好！"

没有石灰岩的地方，也能生成天生桥。

湖南张家界风景区内，有一座高达354米，桥面只有2米宽，却有50多米长的天生桥。就其高度而言，它比100层的摩天大厦还要高。

　　这座特别高的天生桥，是当地的石英砂岩顺着裂隙逐渐崩坍造成的。

　　山东泰山的瞻鲁台附近，有一座天生桥更加奇特。这是几块巨大的石块，坠落在狭窄的岩缝里，互相挨靠搭起来的一座"桥"。瞧它摇摇欲坠的样子，除了天不怕、地不怕的猴子，谁敢在上面挪一下脚步呢？

　　我的记忆里最难忘的是湖北宜都市荆门山附近、长江南岸的一座巨大的拱形天生桥。因为它正好在2000多年前的东汉初期、第一座长江古桥背后不远处，长江古桥虽早已消失了，可这座天生桥高高屹立在附近，好像是天生的纪念碑呢。

　　天生桥生成的原因多种多样。海浪冲刷、冰川融化、沙漠里的岩石风化剥落，都能生成天生桥。大自然变化奥妙无穷，人工不如天工，真使人惊叹哪！

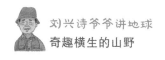

长江古桥

你知道最早的长江桥在哪儿吗？

我告诉你吧，不是 1957 年 10 月通车的武汉长江大桥，而是东汉建武九年（公元 33 年）修建的长江桥。

那一年，盘踞在四川的公孙述，为了和汉光武帝刘秀争天下，派兵抢占今天的宜昌，在荆门、虎牙间修筑了第一座有史可考的长江桥。

请看《后汉书·岑彭传》中的一段记载："（建武）九年，公孙述遣其将任满、田戎、程泛，将数万人，乘枋箄下江关，击破冯峻及田鸿、李玄等，遂拔夷道、夷陵，据荆门、虎牙，横江水起浮桥、斗楼，立攒柱绝水道，结营山上，以拒汉兵。（岑）彭数攻之，不利。于是装直进楼船、冒突露桡数千艘。十一年春，（岑）彭与吴汉……凡六万余人，骑五千匹，皆会荆门……彭乃令军中募攻浮桥，先登者上赏。于是偏将军鲁奇应募而前。时天风狂急，奇船逆流而上，直冲浮桥，而攒柱钩不得去。奇等乘势殊死战，因飞炬焚之。风怒火盛，桥楼崩烧。（岑）彭复悉军顺风并进，所向无前。蜀兵大乱，溺死者数千人。斩任满，生获程泛，而田戎亡保江州。"

瞧吧，这座桥有上下两层，前后经历了两年多。如果不是在战争中被烧毁，还不知可以存在多久呢。

根据我的考证，除了这座桥，古时候在长江上，从上游到下游，还有重庆、瞿塘峡、武昌等三处古桥群，以及长江中游百里洲、下游采石矶等古桥，总共有十几座。其中除了瞿塘峡内，在明代开始的时候有一座高架索桥外，其他统统是军用浮桥。我考察过这些地方，发现工程地质和地形条件都很好。今天一些大型铁路桥、公路桥，也选用了这些桥址。我们的老祖宗真了不起呀！

第十四章
石头舞蹈家

石头会跳舞吗?

哈哈,说梦话吧!如果石头会跳舞,岂不变成妖精了?!

信不信由你,世界上会跳舞的石头可多了。福建漳州东山岛的海边,就有这么一个石头舞蹈家。

你看,这是一个不生根的孤石,斜搁在海边的山坡上。长、宽、高都是4米多,大约有200吨重,可算是一块罕见的大石头。这么大、这么重的石头,别说人力,就是起重机也搬不动。可是一阵大风吹来,它就会轻轻晃动,好像风摆柳似的,是名副其实的风动石。

明代文学家张岱在《夜航船》里有一段话:"漳州鹤鸣山上,有石高五丈,围一十八丈,天生大盘石阁之,风来则动,名风动石。"明代文学家黄道周,还在石头上题写了"铜山风动石"五个大字。这里别的诗词可多了,这儿就不再多说了。总之,这里是当地有名的景点,被称为天下奇观。

说起它可以被风吹动,还有一段有趣的传说。

据说在明朝万历年间,有一个进士老爷邀约了几位文人墨客

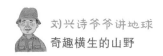

来看风动石。这位进士老爷别出心裁，在风动石下摆开宴席，请大家边喝酒边吟诗，摆出一副风雅的样子。想不到刚有两位诗人摇头晃脑吟完了诗，第三个人端起酒杯得意扬扬站起来，正要开口吟出一个妙句时，海上忽然刮起一阵风，巨大的风动石一下子就咯吱咯吱摇晃起来，似乎要倒下压住桌子。诗人们见状吓得胆战心惊，转身就跑，不敢再饮酒吟诗，也不顾名士风度了，叫人笑破了肚皮。从此这儿就留下了"石下难设宴，吟唱不过三"的传说。

它叫"风动石"，似乎也有些名不副实。

这个石头可奇怪了。别说海上能够掀波起浪的大风，就是用手推一下，它也能动一动，简直可以换一个名字，叫作"手动石"了。

话说到这儿还要提一下，别说是成年人，就是小毛孩子使劲推它，它也会轻轻动一下。据说这里有一种特殊的风俗：从外乡娶回来的新媳妇，都要带到这儿来，让新媳妇尽情地推一阵子。在嘻嘻哈哈的笑声中，新媳妇很快融入了当地的生活。这样富有人情味的"伴娘"，谁不喜欢呢！

人们瞧着这个巨大的石头舞蹈家，不由得有些纳闷儿：这么大一块石头，怎么会摇摇摆摆"跳舞"呢？

秘密在于它的特殊形状。

仔细看，这块石头下大上小，重心比

漳州东山岛风动石

较低。加上特殊的圆弧形底部，活像是天然的不倒翁。任凭大风吹刮，只在微微有些下凹的石座上轻轻摇摆几下，绝不会歪倒下去叽里咕噜滚下大海，也不会砸着人。

哈哈，原来这是一个天生的不倒翁啊！

关于这个风动石，还有一个故事。因为它实在太有趣了，日本鬼子占领这里的时候，曾经想把它用船搬回自己的岛国。日本鬼子用钢索把它套紧，开足马力使劲拉，想不到一条条钢索都被拉断了，一些鬼子兵还被震落下海，它却纹丝不动，依旧屹立在岸边。

谁说石头没有灵性？可爱的东山岛风动石，似乎也有强烈的爱国主义精神呢！

小卡片

石蛋

东山岛风动石有专门的学名吗？

有的。地质学家说，这是一个石蛋。石蛋是球状石风化生成的，自然界中非常普遍，所以到处都有风动石的传说。请看下面一张素描图，这是我在加拿大西南部阿尔伯塔省一个荒凉的原野里实地画的。请注意，其中不仅有圆球形，也有一些异形的石块，在风化作用下，表面和棱角都逐渐变得浑圆了；还有一些破裂开，成为遍地散布的碎块。

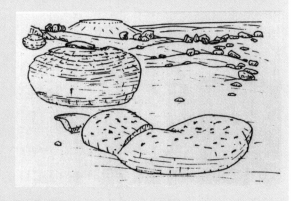

加拿大阿尔伯塔省的石蛋景观，有的已经裂成碎块

第十五章

山崩和滑坡

哗啦啦，山垮了，多么让人心惊肉跳哇！

垮山就是山崩，是山区常见的现象。让我们从长江三峡的一些古代山崩，认识一下这个现象吧。

巫山城东边 5000 米左右，从前大江南岸有一个跳石滩。相传，北岸山顶上曾经有一块大石头，一下子跳到南岸，所以就把这里叫作跳石滩。

石头不是奥运会的跳远冠军，想一想，一块沉重的石头，居然能从北岸跳到南岸，这场山崩多么厉害，爆发力该有多大！

1970 年 8 月，横石溪左侧的一道陡崖发生山崩。高达几十丈的一堵崖壁全部崩坠，堵塞了江流，扬起的灰尘飞过大江，铺盖在对岸跳石的地面上，震动的声音在巫山城内亦可听见。由此看来，过去发生飞石过江的事件，也并非完全不可能。

为了查明情况，我到北岸横石溪口的山崩现场调查，发现形成这个陡崖的岩层是距今 2.3 亿年前的二叠纪阳新灰岩，上下还有许多裂痕，的确曾经发生过许多次山崩。山崩落入江心的石块，就形成一个险滩。三峡大坝蓄水前，这里是峡中有名的大小磨滩所在处，来往行船非常困难。

长江三峡里还有一个有名的山崩地点。

据《水经注》记载："江水历峡东，迳新崩滩。此山汉和帝永元十二年崩，晋太元二年又崩。当崩之日，水逆流百余里，涌起数十丈。今滩上有石，或圆如箪，或方似笥，若此者甚众，皆崩崖所陨，致怒湍流，故谓之'新崩滩'。"

我到这里考察，查明这里的确是山崩多发区，给长江航运带来很大的影响。

山崩的时候，大大小小的岩块滚下来，形成一种特别的乱石堆，它有一个专门的名字叫作倒石堆。倒石堆的坡度一般是33°，这就是它的静止角，也叫作安息角。

请注意！这时候的倒石堆瞧着是平静了，其实所有的石块都处在一种危险的平衡之中。如果谁不小心扒开了下面的堆积物，上面的乱石就会失去支撑，骨骨碌碌滚下来。即便它压盖了山脚的路面，阻断来往交通，也必须小心翼翼经过必要的工程处理后，才能进行开挖。从前有一句古话说，不要在太岁头上动土。这句话应用在倒石堆的身上再恰当不过了。

滑坡又是怎么一回事呢？从它的名字就知道，这是一个山坡，从上向下滑了下来。

让我也举一个例子吧。

1982年7月18日，四川云阳县鸡扒子大滑坡。滑坡体以每秒12.5米的高速冲进长江江心，一直冲到对岸，形成一道600米长的急流险滩，给长江航运带来了很大的困难。

好好的山坡，怎么会往下滑呢？

山体滑坡

　　这和山崩一样，都是山坡失去重力平衡的结果。不同的是，山崩是整个岩体垮塌下来，滑坡却是滑坡体顺着一个滑动面滑下来。说得形象些，前者好像什么东西从楼上的窗口咕咚一下掉下来；后者却像是一个孩子从幼儿园的滑梯上呼的一下滑下来。二者的活动过程完全不一样。

　　在滑坡活动中，滑坡体和滑动面最重要。用滑梯来比喻吧，玩滑梯的孩子是滑坡体，滑梯本身就是滑动面。明白了滑梯的原理，就知道滑坡是怎么一回事了。

　　发生滑坡的地方也有一个"滑板"，常常是不透水的岩石构成的，是一个隐藏在地下的看不见的滑动面。如果岩层的层面向下倾斜，这种滑动面就更加危险。上面的土石浸湿了水，不能向下渗透的时候，就会带动表面的山坡向下滑动了。

山坡滑下来，会变成什么样子？

哦，那可不太好说了，让我也来举例说明吧。

1965 年 11 月 23 日，云南禄劝县发生了一次滑坡。仅仅几分钟，滑动的山坡就崩裂成无数个碎块，顺着山坡迅速滑下来，把山底下的 5 个村庄一扫而空，死亡 444 人，直到碰着对面的大山才停下来。滑坡堵塞了河流，形成一个小湖。当总计 3.9 亿立方米的土石沿着山坡滑下来的时候，还引起了轻微的地震，方圆五六千米的地方都有震感。

不消说，这个滑坡和别的滑坡一样，统统是悲剧。但信不信由你，滑坡也有意外的喜剧呢。

长江三峡的西陵峡中，有一个叫龙船河的地方。有一个风雨之夜，村子里的人都睡着了。睡梦中只觉得房屋和床摇晃了几下，没有人把这当一回事。第二天早上打开门一看，人们几乎不相信自己的眼睛了：整个村子竟像是坐上了滑板似的，一下子滑到了对面的山脚下。

嘿嘿，这样的喜剧，世间能有几场？话又说回来，龙船河这个事件，村里的房屋也歪的歪倒的倒，损坏了不少。事后修修补补损失一些财产，总还是少不了的。

滑坡灾害不是不可以防治的，查明了原因，就能够治理它。植树造林就是一个好办法。在不稳定的山坡上种树，利用草皮、树根稳定山坡，挖排水沟消除隐患，不仅可以大大减少发生滑坡的概率，还是预防滑坡的有效办法。防治滑坡，必须保护好环境。乱砍树木，乱铲草皮，必定会受到大自然的无情惩罚。

除了生物治理，还必须在重点地段布置工程，做好斜坡排水

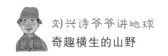

和坡面稳定的保护性工作。

掌握了滑坡的生成原因和活动规律，滑坡灾害也能预报。

1985年6月12日凌晨，长江三峡里的新滩镇发生了一次特大滑坡事件。古镇背后山崖上的整个山坡都滑落下来，霎时乱石飞空，烟尘滚滚，一下子就吞没了大半个镇子，几乎把长江堵塞了一半。江心激起的巨浪有50多米高，涌浪波及了上下游42000米的河段。多亏科学工作者及时发出警报，镇内居民事前有秩序撤离，没有死伤一个人，许多财产也安全转移了出去。

滑坡是可怕的，却也不是没有办法对付。新滩镇滑坡预告成功，就是一个很好的例子。

石河

气候寒冷的高山山坡上，常常有一种石河。无数带棱带角的石块，密密匝匝地重叠在一起，顺着斜坡往下伸展，好像是一条条从山上伸下来的长舌头，这就是石河了。

石河是一条没有水的"石头河"，这是寒冻风化造成的。

在寒冷的高山气候环境中，岩石不断冻结又解冻，很容易破碎形成大大小小的碎块，遍地散布，成为一片乱石滩。夏天冰雪融化，雪水掺和着泥土，形成了泥浆，带着石块慢慢向下滑动，渐渐聚集在一起，就成为一条石河了。它和常见的河流不一样。破碎的石块好像乘着传送带似的，自动向下移动，不会随波逐流在水流中滚动。所以石块不会被磨圆，都有锋利的棱角，好像刚从山上崩裂开似的。

石河流动非常缓慢。有人在瑞士的阿尔卑斯山中测量一条石河的运动速度，它的中央部分每年才移动1米多，边缘部分每年只能移动20多厘米。

第十六章
泥石流、泥石流

泥石流是什么？

这是山区常见的自然灾害，谁不知道哇！尽管过去没有"泥石流"这个名字，但是许多地方的人们都知道它，给它取了各种各样的名字。华北和东北山区把它叫作"龙爬""水泡""水鼓""石洪"，黄土高原的山区叫它"流泥""流石""山洪急流"，西南山区叫它"走龙""走蛟""打地炮"，西藏高原则叫它"冰川爆发"。

信不信由你，泥石流还曾经历过一次"发现记"呢。这要从一件真实的事情说起。

1953 年 9 月，西藏波密县的古乡沟发生了一次特大灾害。一股黏稠的泥浆夹带着无数大大小小的石块，从山沟里猛冲出来，一下子就堵塞了河流，形成一个堰塞湖。进出西藏的交通大动脉川藏公路，也被淹没了好几千米。

这是怎么一回事？

当地人报告说："这是冰川爆发呀！"

为什么说是"冰川爆发"？因为古乡沟的源头是冰川，人们

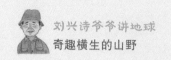

瞧见这一大股乱七八糟的东西冲出来，自然就认为是"冰川爆发"引起的。

当地人都知道，古乡沟经常发生这种现象，过去不被人注意。现在阻断了川藏公路，一下子就引起了人们的关注。1963年，中国科学院兰州冰川冻土研究所的施雅风所长到拉萨去考察，西藏自治区公路局的总工程师就亲自找上门来，请他顺便去看看。

不看不知道，一看吓一跳。施雅风到现场一看，才发现问题的严重性，想不到这里每年要发生几十次同样的情况，是川藏公路波密段有名的"肠梗阻"。

第二年，施雅风就派我的北京大学同班同学、青年科学家杜榕桓担任队长，带领一支考察队前往现场进行详细考察，同时特邀上海科学教育电影厂拍摄了一部科教电影。

中国四川省阿坝藏族羌族自治州达古冰川高山堰塞湖

杜榕桓冒着危险亲身经历了一次次"冰川爆发"的场面，经过仔细观察研究，最后断定这不是什么冰川活动，而是一种新的地质灾害。根据它的活动特点，给它取名叫作"泥石流"。上海科学教育电影厂拍摄的这部科教电影，干脆也叫《泥石流》。后来这部电影在一次世界电影节上获得了金奖，全世界都知道这个可怕的自然灾害了。

遗憾的是，当杜榕桓带着这部电影以及据此做出的全国泥石流分布图，到北京征求一位主张第四纪冰川遗迹学派的主要学者的意见时，这位科学家饶有兴趣地看了电影，却不认同那张泥石流分布图。因为他认为"泥"和"砾"混合在一起，就是冰川堆积的"泥砾"，是鉴定冰川堆积物的最重要的证据之一。这张泥石流分布图，竟和他画的第四纪冰川遗迹图有些大同小异。他抱着谨慎的态度，没有立刻表态。

杜榕桓没有气馁。后来他扎根在经常发生泥石流的云南东川和其他地方，经过长期观察，研究了同样的现象。他终于摸清了泥石流发生、发展的规律，和有关工程人员一起，提出许多防治泥石流的措施，为国家和人民做出了很大的贡献，他也成为中国泥石流研究的第一人。顺便在这儿说一句，他把毕生精力奉献给泥石流研究，在西藏和云南山中考察的时候，摔坏了双腿。虽然还能一瘸一拐坚持野外工作，但是越来越困难，后来只能待在没有电梯的七楼家中，很少下来走一走了。

2010 年 8 月 7 日晚上，一场特大暴雨后，甘肃省甘南藏族自治州舟曲县山区发生特大山洪地质灾害。凶猛的泥石流一下子就摧毁了沿途所有的地方，流经的区域完全被夷为平地。上千人不幸遇难，造成重大损失，震惊了全世界。现在人人都知道泥石流

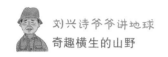
这个山中"泥老虎"的危害了。这些泥石流的堆积物，本身就是"泥"加"砾"混合在一起的"泥砾"，再也没有人认为，这主要是冰川堆积的特征了。试问，如果不清醒地认识到它的危害性，不知道这是山区经常发生的一种可怕的灾害，而是学究式地认为主要是几万年前，甚至几十万年前冰川活动的遗迹，放松了应有的警惕，将会造成多么严重的后果呀！

请记住，不管什么学说，都必须经过实践的检验才行。

泥石流是山区常见的地质灾害，就是大量泥、沙、石块和水混合在一起，顺着沟谷往前流动的一种地质现象。生成泥石流一般有三个条件：一是陡峭的山坡和沟床，二是大量松散物质堆积，三是突发性的水流，三者缺一不可。

一般说来，在暴雨和冰雪融化后最容易发生泥石流。山坡上、沟谷里有大量由于风化、山崩、滑坡、水土流失等形成的堆积物，在地形陡峭的情况下，都容易形成泥石流。不消说，一些不合理的人类活动，例如滥伐山林、破坏草地等，更加会引起泥石流。泥石流是山区最常见的自然灾害之一；注意保护环境，是控制泥石流发生的重要手段。

根据泥石流的稀稠程度，可以将其分为黏性泥石流和稀性泥石流。泥石流的速度很快，像推土机似的冲带着大量物质迅速前进，前缘往往高高耸起形成特殊的"龙头"，能够冲毁一切障碍物，

甚至把沟床也切蚀挖深很多，破坏力特大。1953年9月，西藏古乡沟的那次特大泥石流，冲带出1100万立方米的泥浆和石块，前面的"龙头"高度超过了40米，比十多层的楼房还高呢。

第四纪冰川遗迹鉴定问题

一个时期以来，我国流行着一个第四纪冰川学说。过去一些外国人说中国没有第四纪冰川遗迹，当时一个从海外回来的中国青年科学家，在太行山、庐山等地发现了疑似冰川的遗迹，建立了一种学说，很快就风靡一时。

根据一些人的意见，把泥砾、漂砾、特殊的擦痕、U形谷地、谷底的剥蚀凹坑等，都作为鉴定第四纪冰川遗迹的固有特征。根据这样的认识，做出一幅全国第四纪冰川遗迹分布图，其中包括纬度很低、海拔很低的许多地方，例如广西、广东、海南岛等地。这引起许多科学家，特别是以施雅风等为代表的、专门研究现代冰川的科学家们的怀疑。

冰川活动的确有这些特征，这当然是正确的。但同时也应该看到，自然界的情况非常复杂，不能把许多相同的现象统统归入是冰川活动的结果。例如山洪、泥石流也能生成大小混杂的泥砾，其他搬运作用也能搬运巨大的漂砾，滑坡、断层活动等许多自然过程也能生成擦痕，向斜和一些单斜谷地本身就是U形，山间河谷的底部本身就能形成深浅不一的特殊凹坑——壶穴，这些都不是第四纪冰川遗迹。

战国时期有一个"白马非马"的学说，指出白马虽然也是马，却不是所有的马。用这个观点看过去一个时期以来关于第四纪冰川遗迹的争议，就再清楚不过了。

是呀！还是老祖宗头脑清醒，认识深刻。

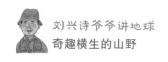

泥石流脱险要领

泥石流的速度很快，发出巨大的声响穿过狭窄的山谷，很快就倾泻而下，摧毁一切障碍物。泥石流发生后，绝对不能顺着山谷逃跑，不能停留在房屋内，也不能攀爬上树。必须尽快从垂直的方向迅速离开现场，或者爬上两侧的山坡，爬得越高速度越快越好。

由于这个原因，特别在雨季和将要降雨时，在户外活动时禁止把谷底低平处作为营地并搭建帐篷。

更加重要的是，要事先发现泥石流发生的征兆。一旦在大雨中发现山谷有异常的雷鸣声响，必须立刻离开，不能原地停留。

故事会

垃圾堆上的泥石流

如果把一大堆垃圾扣在脑袋上是什么滋味？

这实在太糟糕了！谁会这样傻，把臭烘烘的垃圾扣在自己的脑袋上？

有哇！世界上顾头不顾尾的傻瓜多的是。他们常常粗心大意，把自己堆的垃圾，朝自己的脑袋上扣。

1966年11月，英国威尔士一个矿区像平时一样，人们正在过着平静的生活，谁也想不到忽然发生了一场可怕的泥石流。汹涌的泥石流沿着山谷冲泻出来，使猝不及防的人们无处奔逃。许多房屋被冲毁，一些矿工和他们的家属成为牺牲者，人们还没弄清楚是怎么一回事就丢了性命。这场灾害让人们遭受了重大损失。这儿环境幽静，树木茂密，几乎从来也没有天灾发生，怎么会突然祸从天降呢？人们事后调查原因，发现竟是矿工们自己造成的。他们采矿时，把许多矿渣和无用的土石废料漫不经心地倾倒在山坡上，日积月累逐渐形成一个特殊的垃圾堆。从前山坡上绿草如茵，不管多大的雨也不会暴发泥石流。可现在斜坡上堆积了这样厚厚一大堆工业垃圾，经过雨水冲刷就很容易发生泥石流了。遇难的矿工们做梦也没有想到，他们亲手制造了一场垃圾堆上的泥石流，并白白搭上了性命。

1970 年 5 月 26 日，四川省凉山彝族自治州一个铁矿也发生了泥石流，使人们吃了一次苦头。事后大家仔细想，这里从来没有发生过泥石流，怎么会一下子就出了这样大一个乱子呢？必须认真找一找原因。想不到查来查去，竟查到了自己的头上。矿工们做梦也没有想到，这是他们自己制造的一场"人工泥石流"。原来他们都是"马大哈"，把半山腰矿洞里运出来的碎石、废土和矿渣，随手倾倒在洞口外面的山坡上，日积月累成为一个松松散散的大垃圾堆。经过一场暴雨冲刷，这些矿山垃圾就和雨水掺和在一起，生成一股特殊的泥石流，顺着山坡冲下去，把沟底冲得一团糟。矿工们吃了苦头，连忙改变办法，不再往山坡上倾倒垃圾，把所有的垃圾都堆在沟底，自以为这样就万事大吉了。一年过去了，真的平安无事，大家都放心了。两年即将过去，沟里的垃圾堆了两万多吨，还是平安无事，大家更加放心了。想不到不幸的事情还是发生了。当他们正暗暗高兴、以为什么事也没有了时，忽然哗啦啦下了一场暴雨。沟里的垃圾堆阻挡山洪，生成了一个小湖。水势不断猛涨，松散的垃圾堆挡不住巨大的压力，一下子崩溃了，又生成了一场新的泥石流。这一次乱子更大，不仅矿山办公楼和一些矿工宿舍被冲毁了，泥石流冲出沟口，还把经过这儿的成昆铁路和一条公路也冲得一塌糊涂，造成这条西南交通大动脉被迫中断。损失惨重，教训深刻呀！

第十七章
一山分四季，十里不同天

白居易在庐山大林寺写了一首《大林寺桃花》：

人间四月芳菲尽，
山寺桃花始盛开。
长恨春归无觅处，
不知转入此中来。

观察仔细的诗人发现了一个有趣的山地气候现象。

你看，山下四月的花已经谢了，想不到山上的桃花才刚刚开。请问，这是怎么一回事？

诗人解释说："谁说春天消失再也没法找到它？想不到它竟跑到这儿来了。"

这话对，也不对。

说它对，因为按照桃花开花的季节，的确像是春天悄悄"爬上山"了。

说它不对，因为一个地方的季节是统一的，怎么会在同一个地方，山下不是春天，山上却是春天呢？

气候学家说，这是山地气候垂直地带性的表现。

说到这里，必须首先弄明白一个问题：地面的热量是怎么来的？

谁都知道，天空中的太阳，是赐给地面万物温暖的源泉。

是不是距离太阳越近的高山，得到的热量越多呢？

不是的。我们感受到的热量是太阳照射到地面后，再辐射出来的。所以距离地面越远的高山上，温度比地面越低。大约每上升 100 米，温度平均下降 0.6℃，这就是温度垂直递减率。明白了这个道理，你就会懂得为什么山上的桃花花期和山下相比，会落后一些日子了。

由于温度垂直递减的影响，一些高山上常常生成不同的自然带。山下非常温暖，山顶却堆满了冰雪。所谓"一山分四季，十里不同天"，就是这样产生的。

空口说道理不容易理解，再举两个例子吧。

在云南省西部的横断山脉中，就有这种"一山分四季，十里不同天"的立体气候。从山下到山上，依次有热带、亚热带、温带、亚寒带等好几个气候带，分别生长着不同的植被，栖息着不同的野生动物。

世界第一高峰珠穆朗玛峰也是一样的。虽然山顶盖满常年不化的冰雪，可是在它的雪线以下的山坡上，同样分布着不同的立体气候带。特别是喜马拉雅山脉南麓的察隅地区，雨量特别丰富，气候特别温暖，是我国少有的热带地方，所以号称"西藏的江南"。

在这本书中，我要说的是地貌，请问，这种山地气候垂直地

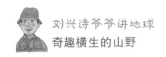

西藏林芝地区南迦巴瓦峰——地跨热带到寒带

带性和地貌有什么关系？

当然有关系呀！随着山地高度的变化，气候和环境不一样，地质作用也就不一样了。

庐山不算太高，也有这个现象，我国西部一些大山就更加明显了。以我所攀登过的一些高山为例，从上而下就依次分布着积雪带，碎石带，高山草甸、高山灌丛带，针叶林、针阔叶混交林、常绿阔叶林带等，在热带地方还有雨林带。高处物理风化作用，加上冰雪的影响，岩体劈裂破碎程度很高；低处化学风化、生物风化作用显著，加上流水、溶蚀等作用，对地貌形态的形成和演化过程都产生了重大影响。不同的高度，不同的自然环境，不同的地质作用，所形成的微地貌形态，当然也就有变化了。

故事会

一个发生在"野人山"的真实故事

写到这里，我不由得想起20世纪80年代初，当时的地质部文化处王君碧处长给我布置的一个任务。

她对我说："有一件事情，你一定要写出来。这是给你的任务，必须完成。"

那是什么任务呢？原来是要我记述发生在云南西部高黎贡山的一个悲壮故事。

高黎贡山位于中国和缅甸边境，就是人们相传的"野人山"。这里布满原始丛林，素来被认为是不可穿越的死亡地带。稍微了解一点抗战历史的人都知道，当年中国远征军从缅甸撤退回国，就是被迫穿

云南高黎贡山

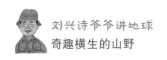
越这座"野人山"的。由于敌人切断了交通线，远征军不得不穿过这个绿色的死亡地带回来。最精锐的第五军3.5万人，走出"野人山"时只剩下3000多人。其中王牌二〇〇师的整整一个师，出山时剩下的也没有多少官兵了。曾经在昆仑关、缅北等战役建立赫赫战功、令敌人闻风丧胆的戴安澜师长，受了重伤用担架抬回，不幸就牺牲在这里的密林中。

曾经有一个地质小组进入高黎贡山，也遭遇了不幸。

这是一个技术员和两个工人组成的三人小组。他们一路穿林攀崖，一直登上了山顶。

唉，他们就是遇上了这种"一山分四季，十里不同天"的垂直气候带。他们从山脚下的热带河谷出发，只穿了薄薄的单衣，等登上山顶后，气候突然变化，下了一场大雪。他们又冷又饿，加上迷了路，怎么也钻不出原始森林。时间越来越长，情况越来越严峻。最后，其中一个老工人师傅说："这样转来转去不是办法，得想一个好办法才成。"

他有什么办法？原来他心里明白，不可能三个人都出去。天气冷得实在不行了，只有把衣服统统脱下来，集中给一个人穿着保暖，这样才能有人活着回去报告情况。

在这生死关头，选派谁回去呢？

他对那个技术员说："只有你，才能把地质情况说清楚。"

技术员一听，连忙摇手说："不成，不成。我一个人回去怎么行？"

大家商量一阵，最后选定一个体质较好的年轻工人下山，其他两人脱下衣服给他穿。三人抱头痛哭一场后，年轻工人依依不舍地下了山。在下山途中他昏迷在林中，被一个少数民族采药人发现了。人们连忙上山，找到了那个技术员和老工人师傅。可是，两个人脱光上身和长裤紧紧拥抱在一起，已经被活活冻死了。

王君碧处长说到这里，不由得潸然泪下，她含着眼泪说："你看过《今古奇观》吗？这就是现代版的《羊角哀舍命全交》。别人把生命都奉献出来了，我们还有什么困难不能克服呢？"

任务布置下来了，我却一直没有完成。因为我觉得这件事应该进一步调查清楚，于是与云南省地质局联系，想了解他们的确切姓名和其他有关情况。可是时过境迁，没法收集到更多的资料，就一直拖了下来。王君碧临终前，我去探望她。她虽然已经骨瘦如柴，两眼却直望着我，似乎有话要说却说不出。我对她说："您放心吧，我一定把这件事写出来。"

后来我在有关会议上提出这件事，现在请大家允许我在这里再说一次吧。这几个人没有姓名也没有太大的关系，我们就将其作为在艰险的地质战线中，曾经奉献过生命的无名英雄吧。

无独有偶，1958年，在四川凉山彝族自治州冕宁县牦牛山还发生了一个事件。我们学校找矿系两个高年级学生和一个工人上山找矿，他们迷失在高山原始森林中时粮食断绝。一个学生说："我实在走不动了，你们先出去吧。找到人，再回来接我。"大家心中明白，这一分手就意味着什么。可是当时没有更好的办法，只好忍痛留下了他。走不多远，另一个学生也无法前进了。剩下的那个工人好不容易爬出去，昏倒在林边，被一个彝族老乡救起。老乡连忙入林寻找两个学生，发现他们已经没有气息了。其中一个靠坐在一棵大树下，解下登山靴的鞋带，将随身携带的饭盒悬挂在树枝上，里面端端正正地放着野外记录本。他心里明白，森林里情况复杂，野兽可能撕碎他的身体，但是这个记录本必须留下来。在生命的最后一刻，他将最宝贵的东西奉献给至亲至爱的祖国人民。

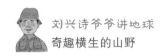

　　这是什么精神？真感天动地呀！好样的，孩子们！可惜你们没有成长起来，走进真正的建设时期"游击队"的行列。但是我还记得你们，向你们深深致敬！

　　许多野外用人单位都反馈信息说，成都地质学院（现成都理工大学）的学生艰苦朴素，能够吃苦耐劳。这就很好！他们大多来自边远城镇山村，深深地接着"地气"，更加热爱自己的国家和人民。

　　人，要活得像一个人。

　　人的价值，不是依靠职务、职称、文凭、满口外语和金钱来衡量的。

　　请允许我在这里说这一段似乎与本书无关的话，其实这并不多余。我已经过了86岁，知道自己没有多少日子了，随时将会与大家告别。我是在迎着死亡的阴影，加班加点，一刻不息地奋力工作的。也许你们看着这本书的时候，我已经悄悄离去了。不能让这样的历史，随着知情者消失而消失。如果我不说出来，自己的灵魂永远也不会安宁。